BEI GRIN MACHT SICH IHR WISSEN BEZAHLT

- Wir veröffentlichen Ihre Hausarbeit, Bachelor- und Masterarbeit

- Ihr eigenes eBook und Buch - weltweit in allen wichtigen Shops

- Verdienen Sie an jedem Verkauf

Jetzt bei www.GRIN.com hochladen und kostenlos publizieren

Caprice Mathar

Landwirtschaft in Sachsen-Anhalt und Mecklenburg-Vorpommern

Noch geprägt vom Erbe der DDR?

GRIN Verlag

Bibliografische Information der Deutschen Nationalbibliothek:

Die Deutsche Bibliothek verzeichnet diese Publikation in der Deutschen National-
bibliografie; detaillierte bibliografische Daten sind im Internet über http://dnb.d-
nb.de/ abrufbar.

Impressum:

Copyright © 2011 GRIN Verlag GmbH
Druck und Bindung: Books on Demand GmbH, Norderstedt Germany
ISBN: 978-3-656-58699-9

Dieses Buch bei GRIN:

http://www.grin.com/de/e-book/267676/landwirtschaft-in-sachsen-anhalt-und-
mecklenburg-vorpommern

GRIN - Your knowledge has value

Der GRIN Verlag publiziert seit 1998 wissenschaftliche Arbeiten von Studenten, Hochschullehrern und anderen Akademikern als eBook und gedrucktes Buch. Die Verlagswebsite www.grin.com ist die ideale Plattform zur Veröffentlichung von Hausarbeiten, Abschlussarbeiten, wissenschaftlichen Aufsätzen, Dissertationen und Fachbüchern.

Besuchen Sie uns im Internet:

http://www.grin.com/

http://www.facebook.com/grincom

http://www.twitter.com/grin_com

RWTH Aachen   6.4.2011

Geographisches Institut

Lehrstuhl für Wirtschaftgeographie

Regionalseminar: Mittel- und Nordostdeutschland:

Wirtschaftliche Stärke- und Schwächeregionen im Wandel

Sommersemester 2011

Hausarbeit

Die Landwirtschaft in Sachsen-Anhalt und Mecklenburg-Vorpommern
– noch geprägt vom Erbe der DDR?

Caprice Mathar

Caprice Mathar

4. Semester

Studienfach: B. Sc. Angewandte Geographie

Inhaltsverzeichnis

1 Einleitung

Gegenstand der Hausarbeit ist die Betrachtung und Analyse von den neuen Bundesländern, Sachsen-Anhalt und Mecklenburg-Vorpommern, mit besonderem Bezug auf ihre Landwirtschaft. Hierbei soll diskutiert werden, inwiefern die ehemaligen landwirtschaftlichen Strukturen der DDR diese zwei Regionen geprägt haben oder noch prägen.

In Kapitel 2 werden die Grundzüge und Problematiken der Landwirtschaft in der DDR aufgezeigt, um somit mögliche Auswirkungen und resultierende Probleme nach dem Zeitpunkt der Wiedervereinigung abschätzen zu können. Im folgenden Kapitel soll nun speziell auf die zwei Bundesländer eingegangen werden. Hierzu sollen Kerndaten zu dem einzelnen Land gegeben werden. Schwerpunkt bildend soll die jeweilige Landwirtschaft auf besondere Merkmale und ihre Strukturen anhand von Statistiken untersucht und analysiert werden. Im vierten Kapitel folgt eine Evaluierung, ob und wie weit die DDR diese landwirtschaftlichen Räume beeinflusst hat und ob dies heute noch zu erkennen ist. Bei dieser Evaluierung soll es sich um eine persönliche Einschätzung handeln, gestützt durch vorher festgehaltene Daten und Argumente. Ihren Abschluss findet die Hausarbeit im fünften Kapitel mit einer Zusammenfassung des gewonnenen Wissens, sowie eine Schlussfolgerung für die Zukunft der Landwirtschaft von Sachsen-Anhalt und Mecklenburg-Vorpommern.

2 Die Landwirtschaft der DDR

2.1 Die marxistisch-leninistische Agrartheorie

In dem Zeitraum von 1945 bis 1990 war Deutschland in die BRD (Bundesrepublik Deutschland) und DDR (Deutsche Demokratische Republik) geteilt. Während dieser Periode entwickelten sich beide Teile vollkommen unterschiedlich voneinander aufgrund ihrer politischen Leitbilder (Eckart/Wollkopf 1994:1). Dies kam besonders in der Landwirtschaft zum Tragen und führte nach der Wiedervereinigung zu weitreichenden Transformationsprozessen in den neuen Bundesländern (Wollkopf/Wollkopf 1992:7).

Geprägt wurde die DDR durch die Leitbilder des Marxismus-Leninismus. In den Grundzügen bedeutet dies, dass Arbeits- und Lebensumstände für jeden Menschen unabhängig seiner Schicht und Klasse angeglichen werden sollen. Dies geschieht durch stetiges Anwachsen der Abhängigkeit des einzelnen gegenüber der Partei und des Staates (Grimm 1992:1). Ein Beispiel dafür ist die Überführung von privatem Eigentum in staatlichen Besitz (MIK NRW 2011). Werden die marxistisch-leninistischen Theorien auf die Landwirtschaft bezogen, bedeutet dies, dass Produktionsmittel, wie in diesem Bereich der Boden, Maschinen oder Technologien zum „Gemeineigentum" werden (Bichler/Szamatolski 1973:9). Dies verlief nach Gründung der DDR in unterschiedlichen Phasen ab, unterstützt durch gesellschaftspolitische und betriebliche Eingriffe in die vorhandenen Strukturen der Landwirtschaft (Eckart

2001:202). Im folgenden Abschnitt sollen diese Etappen und ihre Besonderheiten kurz dargestellt werden.

2.2 Merkmale ihrer Agrarstruktur

Gemäß der Umsetzung der Theorien wurde im Jahre 1945 die sogenannte „Verordnung über die Bodenreform" durchgeführt. Dadurch verloren alle Privateigentümer mit einer Landfläche über 100 Hektar ihren Besitz, inklusive jeglicher Gebäude der landwirtschaftlichen Nutzung, landwirtschaftlicher Maschinen und Tiere. Der Boden wurde einem staatlichen Bodenfonds zugeführt. Des Weiteren wurden Betriebe mit weniger als 100 Hektar enteignet, insofern der Besitzer ein Kriegsverbrecher, Naziführer oder aktives Mitglied der NSDAP war. Dies geschah entschädigungslos. Insgesamt konnten so 3,3Millionen Hektar Land neu verteilt werden. Zum Teil wurden „Volkseigene Güter"(VEG) errichtet. Übrige Flächen wurden an Privatpersonen verteilt. So entstanden 210.276 neue bäuerliche Betriebe mit einer durchschnittlichen Fläche von 8,1 Hektar (Hohmann 1984:598). Diese Phase zeichnet sich also durch überwiegend klein- und mittelbäuerliche Strukturen aus.

Während der Kollektivierung von 1952-60 wurden kleine Betriebe zu „landwirtschaftlichen Produktionsgenossenschaften"(LPG) zusammengeschlossen, unterschieden nach Typ I, II, III (Eckart/Wollkopf 1994:13). Zu Beginn gab es in einem Dorf mehrere kleine LPG, letztendlich wurden diese aber zusammengefasst zu einem „Groß-LPG". In diesem waren so mehrere Dörfer vereinigt. Jedes LPG war immer strikt nach „Tier- und Pflanzenproduktion" unterteilt (Grimm 1992:3). So reduzierte sich die Zahl der Betriebe von 445.000 1945 auf 20.280, meist sozialistische Betriebe, die 90% der landwirtschaftlichen Fläche nutzten. Diese hatten zu diesem Zeitpunkt noch eine überschaubare Größe von 150-600 Hektar (Arnold 1998:39). Zum Ende dieser Phase war so fast der gesamte, private Besitz beseitigt worden.

Als größere Einheit kann der Zeitraum zwischen 1960 und dem Ende der DDR angesehen werden. Hier ist die Schaffung der landwirtschaftlichen Großbetriebe charakteristisch. Es entwickelte sich eine industrialisierte Massenproduktion an tierischen oder pflanzlichen Gütern. Es war keine Seltenheit, dass in dieser Zeit Pflanzenbaubetriebe eine Größe von 10.000 Hektar überschritten oder Schweinemastanlagen Platz für über 6.000 Tiere boten. Zusätzlich wurde diese Massenproduktion in horizontale und vertikale Organisationsstrukturen zum Teil vor Ort miteingebunden (Wollkopf/Wollkopf 1992:12-13). Ein Beispiel dafür zeigt das Foto in Abbildung eins. Dieser Wegweiser zeigt die unterschiedlichen Betriebsanlagen eines LPG, das eigentlich für die landwirtschaftliche Produktion gedacht war. „Konzentration, Spezialisierung und Intensivierung"(Wollkopf/Wollkopf 1992:16) sind Schlagwörter dieses Zeitraums und damit die verbundene landwirtschaftliche Industrialisierung. Damit hängen jedoch gravierende Umwelteinflüsse zusammen, beispielsweise durch unsachgemäße Verwendung von Mineraldünger und Pflanzenschutz, wodurch das Grundwasser gefährdet wurde. Vielerorts kam es zur Bodenverdichtung aufgrund der Verwendung von Großmaschinen

3

oder durch monotonen Anbau zu mangelnder Biodiversität. Dies hat generell zur Folge, dass ein Boden an Qualität verliert und die Ressource Boden geschädigt wird. Dadurch stieg der Einsatz von Phosphor als Düngemittel von 33 Kilogramm auf 56 Kilogramm pro Hektar von 1945-88 (Wollkopf/Wollkopf 1992:16).

Abbildung 1: Wegweiser in einem LPG   *Quelle: Bichler/Szamatolsk (1973:63)*

Allgemein gesprochen hat sich seit der Gründung der DDR ein Wechsel von der „privatwirt-schaftlichen und einzelbetrieblichen Landwirtschaft" zu einer „zentral gelenkten Landwirt-schaft mit sozialistischer Agrarordnung" (Eckart 1998:317) vollzogen, mit besonderen Merk-malen der Agrarstruktur.

Als besondere Merkmale der Landwirtschaft in der DDR gilt festzuhalten:

- die Größenstruktur der Betriebe
- Landwirtschaft als Industrie betrieben
- kaum Privatbesitz an landwirtschaftlichen Betrieben und Nutzflächen
- Ressourcenschädigung durch zu konzentrierten und intensiven Anbau

2.3 Herausforderungen an die Landwirtschaft nach der Wiedervereinigung

Juchelka (1990:15) beschreibt die Wiedervereinigung wegen dem „Zusammenprall zweier unterschiedlicher, politischer und wirtschaftlicher Systeme" als eine Katastrophe, die sich ereignen wird. Große Probleme verursachte dabei aufgrund der „krisenhaften Zustände" die Landwirtschaft. Beispielsweise waren die Betriebe wegen ihrer Größe und Organisation nicht wettbewerbsfähig. Außerdem wurden Großbetriebe geschlossen, weil diese eine zu hohe Umweltbelastung darstellten. Es sollte ein Übergang zum ökologischen Landbau folgen. Des Weiteren musste es als Resultat der Umweltschädigung zu Boden- und Flächensanierung, Altlastbeseitigung und Gewässerschutz kommen (Wollkopf/Wollkopf 1992.17). Die agrarpoli-tischen Ziele mussten somit neu verhandelt werden (Eckart 2001:220), damit Bauern und Betriebe eine Chance hatten sich zu etablieren und nicht zerstört zu werden (Juchelka 1990:15). Inwiefern sich die Agrarstruktur verändert hat, soll das folgende Kapitel anhand der Analyse der Landwirtschaft von zwei neuen Bundesländern zeigen.

3 Zwei neue Bundesländer und ihre Landwirtschaft im Vergleich

3.1 Basisdaten - Mecklenburg-Vorpommern und Sachsen-Anhalt

Nach der Wiedervereinigung 1989 wurde Ostdeutschland zu einem Teil der BRD. Dies bedeutete die Adaption eines neuen Wirtschafts- und Regierungssystems. Während dieser Entwicklung entstanden fünf neue Bundesländer: Brandenburg, der Freistaat Thüringen und Sachsen, Mecklenburg-Vorpommern und Sachsen-Anhalt (Gebhardt 1994:13-21). Mecklenburg-Vorpommern mit der Landeshauptstadt Schwerin umfasst eine Gesamtfläche von 23.185km². Dies macht 6,49% des gesamten Flächenanteils Deutschlands aus. Diese Fläche wird von 1.666.436 Einwohnern bewohnt. Mit 72 Einwohnern pro km² liegt die Bevölkerungsdichte Mecklenburg-Vorpommerns bei den niedrigsten Werten der gesamten Bundesrepublik. Dies trifft ebenso auf Sachsen-Anhalt mit der Landeshauptstadt Magdeburg zu. Auf den 20.447km² Landesfläche, 5,73% der Gesamtfläche Deutschlands, leben 2.381.872 Menschen. Die Bevölkerungsdichte liegt hier zwar bei 116 Einwohnern pro km², doch zählt dies im nationalen Vergleich zu den geringen Bevölkerungsdichten. Der Spitzenwert liegt in Berlin bei 3.851 Einwohnern. Interessant ist, dass die beiden Länder die Position der höchsten Arbeitslosenquote innehaben. Diese wurde in den letzten Jahren reduziert. Dennoch liegt dieser Wert 2008 immer noch bei ungefähr 14%. Des Weiteren liegt der prozentuale Anteil des Bruttoinlandproduktes nur bei 1,4% in Mecklenburg-Vorpommern und bei 2,2% in Sachsen-Anhalt. Bei 21,7% liegt in Nordrhein-Westfalen der höchste Wert. Dies lässt auf Probleme in den Wirtschaftsstrukturen dieser Bundesländer schließen (Eschenhagen 2009:150ff.). Im Kontrast dazu steht die gut ausgeprägte Agrarwirtschaft der neuen Bundesländer. Die Fläche der neuen Bundesländer zusammen bildet eine der größten zusammenhängenden Ackerbauregion der Welt. Mecklenburg-Vorpommern und Sachsen-Anhalt sind ein Teil davon (Wollkopf/Wollkopf 1992:9). Auf ausgewählte Parameter der heutigen Agrarwirtschaft wird nun exemplarisch eingegangen.

3.2 Die Agrarwirtschaft Mecklenburg-Vorpommerns heute

1,35Millionen Hektar der Landesfläche, also 62,4%, werden für landwirtschaftliche Zwecke genutzt (LU MV 2011). Unter den neuen Bundesländern verfügt Mecklenburg-Vorpommern über das größte Flächenpotential und im deutschlandweiten Vergleich liegt es auf Platz fünf für das beste Flächenpotential (Albrecht 1996:127). Dies hängt zu großen Teilen mit dem Bodenpotential zusammen. Auf Grundmoränen sind beisielweise fruchtbare Lehmböden entstanden (Fischer et. al. 1971:166). Allgemein variieren die Bodenzahlen zwischen 18-60, da jeglicher Art von Boden von Ton bis Sand vorkommt (MBLU 1995:155). Durch die Entwicklung von planwirtschaftlichen Strukturen mit dem Ziel der größtmöglichen Produktionsmenge in marktwirtschaftlichen Strukturen mit dem Ziel möglichst rentabel zu produzieren veränderte sich die Agrarwirtschaft nach dem Zusammenbruch der DDR stetig. So prägt die Landwirtschaft heute die Regionen Mecklenburg-Vorpommerns (Albrecht 1996:117-120).

3.2.1 Betriebstrukturen

Die letzten erhobenen statistischen Daten aus 2007 zeigen, dass Mecklenburg-Vorpommern im nationalen Vergleich eine untypische Größenstruktur aufweist. In 2007 gab es 5.432 Betriebe insgesamt mit durchschnittlich 250 Hektar landwirtschaftlich genutzter Fläche (LF). Zu dem Jahr 1996 ist dies ein Anstieg um 361 Betriebe. Von den 5.432 Betrieben sind 1.508 unter 10 Hektar LF groß. Über 10-20 Hektar verfügen 584 Betriebe, über 20-50 Hektar 657 Betriebe. Diese zählen zu kleinen Betriebsstrukturen. Ab 50 Hektar wird von Großstrukturen gesprochen. Die kleinen Betriebe machen 50,6% aller Betriebe aus. Über 50-200 Hektar bewirtschaften 983 Betriebe, über 200-500 Hektar 860 Betriebe. Über 500-1.000 Hektar sind es 483 Betriebe und über 1.000 Hektar 357 Betriebe. Zusammengefasst bilden 2.683 Betriebe die fehlenden 49,4% (LU MV 2009:16, Stat MV: o. J.). Wie das Diagramm zeigt, entsprechen die Betriebe mit einer Größe von 50-100 Hektar (17%), 100-200 Hektar (8%) und über 200 Hektar (4%) zusammen nur 29% der Gesamtzahl der Betriebe in ganz Deutschland. So ist die Anzahl der Großstrukturen in Mecklenburg-Vorpommern überdurchschnittlich höher als in der restlichen Bundesrepublik.

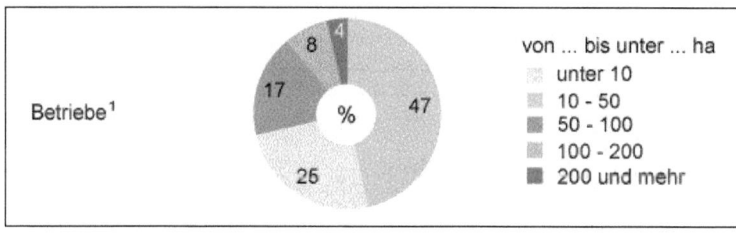

Abbildung 2: Landwirtschaftliche Betriebe nach Größe in Deutschland 2010 *Quelle: DeStatis (2011)*

Ebenfalls interessant ist die Verteilung der Rechtsformen in Mecklenburg-Vorpommern. Generell wird unterschieden zwischen der natürlichen Person und der juristischen Person. Darunter wird jeder eingetragene Verein beispielsweise wie eine GmbH verstanden. In Deutschland gibt es ungefähr 3,69 Millionen landwirtschaftliche Unternehmen von natürlichen Personen geleitet und 53.000 Betriebe werden von juristischen Personen bewirtschaftet. In Prozentzahlen ausgedrückt, heißt das ein Verhältnis von 98,6% zu 1,4% (BMELV 2010:7). In Mecklenburg-Vorpommern ist diese Tendenz ebenfalls zu erkennen. Wie die Tabelle aus Abbildung drei veranschaulicht, bilden die Betriebe von natürlichen Personen 84,3% mit 4.581 Betrieben. Unterschieden wird an dieser Stelle zwischen Einzelunternehmen und Personengesellschaften. Hier dominieren die Einzelunternehmen. Zu beachten ist dabei, dass der landwirtschaftliche Betrieb hier nur als Nebenerwerb dient. Die juristischen Personen leiten 851 Betriebe also 15,6%. Zwar verfügen diese über eine durchschnittlich

Betriebsgröße von 765 Hektar, doch über die Hälfte der LF wird von Einzelunternehmen bewirtschaftet. Diese haben eine durchschnittliche Betriebsgröße von „lediglich" 154 Hektar im Vergleich zu der Betriebsgröße der von juristischen Personen geführten Betriebe. Allgemein hat sich so eine positive Veränderung der Unternehmensstruktur eingestellt. Dadurch wird die Landwirtschaft stärker an markt- und agrarpolitische Rahmenbedingungen angepasst. So bleibt diese weiterhin dominierend in Mecklenburg-Vorpommern. Vor allem der Ackerbau mit 2.044 Betrieben ist dafür ausschlaggebend (LU MV 2009:16).

Rechtsform	2005				2007			
	An-zahl	Ø Be-triebs-größe (ha)	Fläche (ha)	Anteil LF (%)	An-zahl	Ø Be-triebs-größe (ha)	Fläche (ha)	Anteil LF (%)
Natürliche Personen	4 348	156	677 415	49,9	4 581	154	704 423	52,0
Einzelunternehmen	3 649	107	391 428	28,8	3 849	104	401 194	29,6
Haupterwerb[1]	1 307	238	310 687	.	1 362	242	329 414	24,3
Nebenerwerb[1]	2 287	32	72 486	.	2 487	29	71 779	5,3
Personengesellsch.	699	409	285 987	21,1	732	414	303 229	22,4
GbR	613	385	236 020	17,4	599	378	226 181	16,7
KG	73	627	45 777	3,4	115	593	68 209	5,0
Juristische Personen	803	848	680 703	50,1	851	765	651 411	48,0
J. P. d. öff. Rechts	9	112	1 006	0,1	6	149	891	0,1
J. P. d. priv. Rechts	794	856	679 697	50,0	845	770	650 520	48,0
e.V.	34	26	898	0,1	39	23	896	0,1
e.G.	168	1 392	233 812	17,2	159	1 411	224 279	16,5
GmbH	451	698	314 606	23,2	518	603	312 599	23,1
GmbH & Co.KG	121	923	111 675	8,2	110	869	95 623	7,1
AG	19	972	18 459	1,4	18	938	16 878	1,2
Insgesamt	**5 151**	**264**	**1 358 119**	**100,0**	**5 432**	**250**	**1 355 834**	**100,0**

Abbildung 3: Landwirtschaftliche Unternehmen nach Rechtsformen   Quelle: LU MV (2009:17)

3.2.2 Die landwirtschaftliche Flächennutzung

Auf 79,9% der LF entspricht Ackerland. Dauergrünland wie Wiesen und Weiden umfasst 19,8%. Die übrigen 0,3% entsprechen Obstanlagen und sonstigen Flächen wie zum Beispiel Baumschulen oder Weihnachtsbaumkulturen (LU MV 2009:35). Auf den Flächen für Ackerland wird zu 55,5% Getreide angebaut (Vgl. Abb.4). Auf einer ungefähren Fläche von 600.000 Hektar. Winterweizen nimmt 56% dieser Fläche ein und ist die bedeutendste Art von Getreide. Der Anbau von Weizen wurde zwar kurzzeitig durch Silomais und Raps im Jahre 2007 eingeschränkt, jedoch durch die Wettbewerbsfähigkeit wurden die Flächen für Weizen wieder ausgedehnt (LU MV 2009:37). Beispielsweise stiegen die Hektarerträge von 6.900 Kilogramm pro Hektar in 2.000 auf 8.000 Kilogramm pro Hektar in 2009. Ein Anstieg der Hektarerträge für Getreide ist hier allgemein zu erkennen (Stat MV: o. J. a). So bleiben Ölfrüchte wie Raps an zweiter Stelle der Flächennutzung, wie Abbildung vier darstellt, obwohl 2007 im Rahmen der Biokraftstoffe dieser Anbau noch „boomte". An dritter Stelle folgt der Anbau von Futterpflanzen. Hackfrüchte wie Kartoffeln oder Zuckerrüben verbuchen einen ständigen Rückgang der Anbauflächen. Zurückgeführt werden kann dies auf die Schlie-

7

ßung der Zuckerrübenfabrik in Güstrow und auf steigendes Wettbewerbsrisiko des Kartoffelanbaus (LU MV 2009:37).

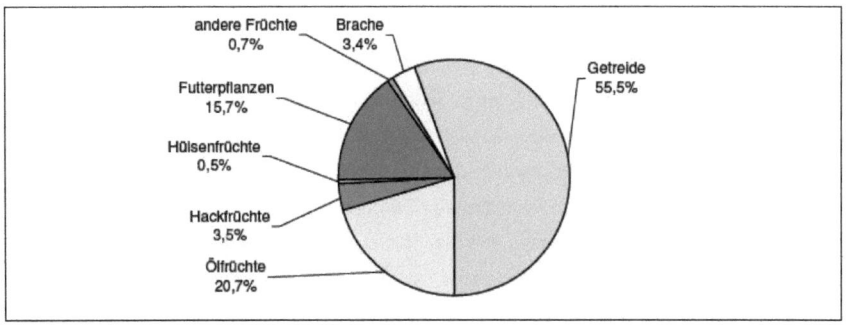

Abbildung 4: Anbauverhältnisse der Ackerbauflächen   *Quelle: LU MV (2009:37)*

3.2.3 Entwicklung der Arbeitskräfte

Eingehend auf die Arbeitskräfte wird ein deutlicher Rückgang der Beschäftigten verzeichnet. Von 1990 bis 1994 verloren 100.000 Erwerbtätige ihre Stellung in der Landwirtschaft. So sank die Anzahl der Arbeitskräfte auf 22%. Ein Rückgang konnte nicht gestoppt werden. Im Kontrast dazu stieg jedoch die Arbeitsproduktivität (Albrecht 1996:124). Dies zeigt auch die Tabelle in Abbildung 5. Auch im neuen Jahrtausend schrumpfte die Zahl der Erwerbstätigen weiterhin, wenngleich stark verlangsamt. Im Vergleich übersteigt die Zahl der Arbeitskräfte jedoch immerhin den Durchschnitt der neuen Bundesländer um 15% (LU MV 2009:17).

Wirtschafts-zweig	2001	2003[2)]	2005[2)]	2007[2)]
Landwirtschaft[1)]	22 296	22 777	21 650	21 348
dar.: weiblich	5 893[2)]	6 083	5 727	5 868
Forstwirtschaft	-[4)]	-[4)]	-[4)]	-[4)]
Fischerei[3)]	1 028	1 019	986	982

Abbildung 5: Entwicklung der Beschäftigten in der Landwirtschaft   *Quelle: LU MV (2009:17)*

3.2.4 Neue Richtung – der ökologische Landbau

Nach der Wende folgte die Änderung der agrarpolitischen Ziele. Insbesondere Natur und Umwelt gerieten in den Vordergrund als Folge des Umwelt schädigenden Landbaus in der DDR. Dies kommt vor allem in Mecklenburg-Vorpommern zum tragen. Dieses Bundesland verfügt über den höchsten Anteil von 12,8% ökologisch wirtschaftender Betriebe. Als Summe ergibt dies 690 Betriebe (DeStatis 2010:37), welche eine Fläche von 119.968 Hektar bewirtschaften. Dies sind rund 8,8% der gesamten LF (Stat MV: o. J. b). Aus diesem Grund gilt Mecklenburg-Vorpommern als Spitzenreiter und Beispiel auf diesem Gebiet und bildet eine Perspektive für die Zukunft.

3.3 Die heutigen Agrarstrukturen Sachsen-Anhalts

Sachsen-Anhalt besitzt fast 1,2Millionen Hektar landwirtschaftlich genutzte Fläche. Dies macht 62,9% der Gesamtfläche aus (MLU 2011). Insgesamt zeichnet sich Sachsen-Anhalt durch gute Bodenverhältnisse aus. Im gesamten Gebiet liegen die Bodenwertzahlen zwischen 83 und 100 und sind so Indikator für einen sehr fruchtbaren Boden. Generell handelt es sich in Sachsen-Anhalt um Bodenlandschaften, welche aus Lössarten bestehen (Kainz 2008:582). Die Magdeburger Börde zum Beispiel besteht großflächig aus Schwarzerde, ein nährstoffreicher Lössboden von dunkelbrauner Färbung (Fischer et. Al. 1971:184). Diese ist mit der Bodenwertzahl 100 versehen und dient als Maßstab anderer Böden in Deutschland. Landwirtschaft ist auch hier ein bedeutender Faktor für dieses Bundesland (MLU 2011). Wie in Mecklenburg-Vorpommern folgte nach der Wiedervereinigung Deutschlands ein Umbruch der agrarpolitischen Ziele und landwirtschaftlichen Strukturen.

3.3.1 Die Betriebsstrukturen

Laut den letzten erhobenen Daten aus 2007 bestehen in Sachsen-Anhalt 4.842 Betriebe. Generell setzt sich ein langsamer Strukturwandel fort, da die Anzahl der Betriebe in den letzten Jahren immer weiter gesunken ist. So fiel die Zahl der Betriebe seit 2001 um 4,5% (MLU 2010:13). Das Diagramm in Abbildung sechs zeigt die Verteilung der Größenverhältnisse landwirtschaftlicher Betriebe. Hier entfällt einer der größten Anteile mit 1.298 Betrieben auf Betriebsgrößen unter 10 Hektar. Dies würde dem deutschen Trend entsprechen. Jedoch bilden die Betriebe mit Großstrukturen über 50 Hektar zusammen 52,9%. Dieser Wert ist im nationalen Vergleich überdurchschnittlich hoch.

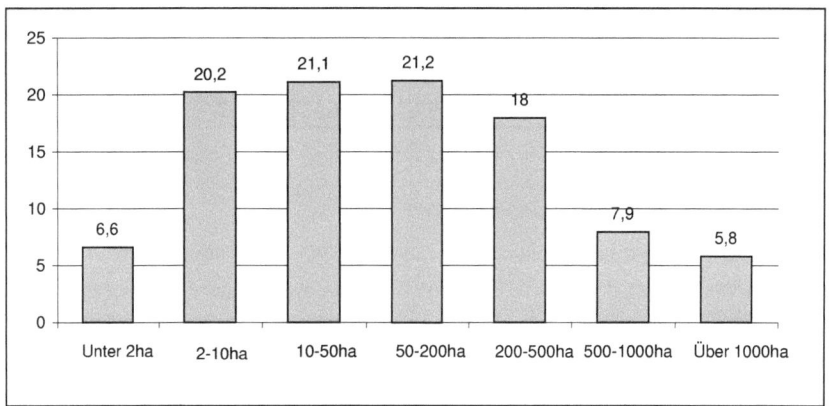

Abbildung 6: Prozentualer Anteil der Größenstrukturen *Quelle: Eigene Darstellung (nach Stala 2009)*

Daraus ist ein Trend zu wachsenden Betriebsgrößen zu erkennen. Lag die durchschnittliche LF 1999 noch bei 230 Hektar, so stieg sie bis 2007auf 242 Hektar. Ein weiterer Indikator für diesen Trend ist das Wachstum um 101 Betriebe (9,1%) von Unternehmen mit einer Größe von 200-1.000 Hektar. Bei Betrieben von 2-100 Hektar fiel hingegen die Zahl der Unternehmen um 313. Ein Rückgang zeichnet sich ebenfalls bei Betriebsgrößen über 1.000 Hektar ab. Seit 2001 sank diese Anzahl um 2,4% (MLU 2010:13).

Rechtsformen		2001		2003		2005		2007	
		Anz.	ha LF	Anz.	ha LF	Anz.	ha LF	Anz.	ha LF
Natürliche Personen		4.602	639.252	4.403	637.390	4.337	651.542	4.296	662.576
d	Einzelunternehmen	3.743	297.335	3.563	307.148	3.507	318.318	3.450	323.334
a v	Personengesellschaften / Personengemeinschaften	859	339.571	840	330.242	830	333.224	846	339.242
Juristische Personen		524	532.639	538	530.678	550	522.715	546	507.196
Insgesamt		5.126	1.171.890	4.941	1.168.068	4.887	1.174.257	4.842	1.169.772

Abbildung 7: Unternehmensstrukturen nach Rechtsform   *Quelle: MLU (2010:13)*

Die Tabelle in Abbildung 7 zeigt die Entwicklung der Rechtsformen in Sachsen-Anhalt. Hier sind zum einen die Abnahme der Betriebszahlen zu erkennen, sowie die Überlegenheit der Bewirtschaftung durch natürliche Personen. Die Einzelunternehmen bilden hier vor allem den Schwerpunkt. Geleitet von juristischen Personen werden vergleichsweise nur 546 Betriebe. Diese beanspruchen aber eine LF von 507.772 Hektar. Im Komplementär dazu stehen die Betriebe der natürlichen Personen, die 662.576 Hektar bewirtschaften. Das macht im Durchschnitt ungefähr 155 Hektar LF aus. Juristische Personen verfügen ca. über 929 Hektar LF. Also kann festgehalten werden, dass Betriebe mit Größe über 500 Hektar meist von juristischen Personen geführt werden. Interessant ist, dass die 2.083 Betriebe, die zu Einzelunternehmen gezählt werden, ihre Betriebe als Nebenerwerb betreiben. Diese 59% aller Einzelunternehmen bestellen jedoch lediglich 60.101 Hektar LF. Das sind 18,6% der LF der Einzelunternehmen mit einem Durchschnitt von 29,5 Hektar LF pro Betrieb (MLU 2010:13).

3.3.2 Die landwirtschaftlichen Nutzungsverhältnisse

Gemäß Datenerhebungen von 2009 werden die 1.171.588 Hektar LF zum größten Teil für Ackerland genutzt. Mit einer Fläche von 1.001.960 Hektar macht diese 85,5% der gesamten Nutzung aus. Gefolgt wird diese Nutzungsart von Dauergrünland mit einer Fläche von 166.625 Hektar bzw. 14,2%. Die geringste Fläche beanspruchen Dauerkulturen mit 3 Hektar (MLU 2009:14). Den größten Flächenanteil wird für den Anbau von Getreide verwendet Wie Abbildung acht darstellt, wird Weizen am häufigsten der Getreidearten angebaut, gefolgt von Gerste und Roggen. Insgesamt wird Getreide auf einer Fläche von 599.354 Hektar, also 59,8% des Ackerlandes angebaut. Weitere große Flächen 17,3% bzw. 173.448 Hektar und 11,6% bzw. 116.517 Hektar werden für den Anbau von Ölfrüchten wie Winterraps und Ackerfutterpflanzen wie Silomais genutzt. Die restlichen 96.092 Hektar, die zusammen 9,6% repräsentieren, werden für den Anbau von Zuckerrüben, Kartoffeln und Gartengewächse, wie Erdbeeren oder Gemüse oder Brache benötigt. Die Dominanz vom Getreideanbau ist auch hier durch die guten Erträge zu erklären. Durch Flächenausdehnungen um 500 Hektar und eine gute Qualität lag der Gesamtertrag von Getreide mit 4,47Millionen Tonnen 15% über den Durchschnitt der Erträge von 2003 bis 2008 (MLU 2009:14).

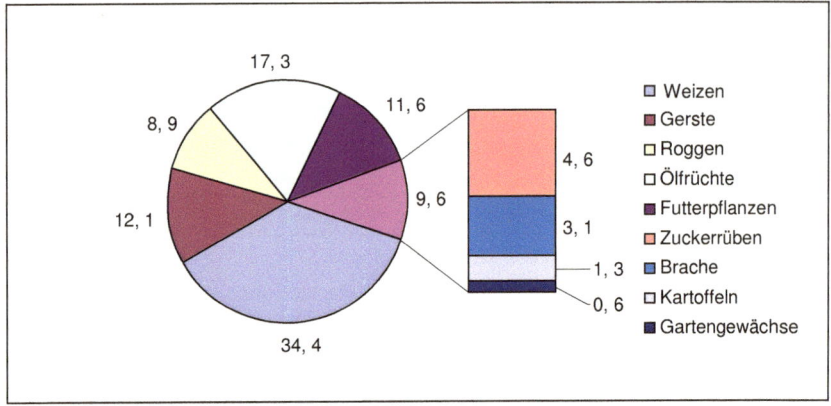

Abbildung 8: Nutzung des Ackerlandes (%)   *Quelle: eigene Darstellung nach MLU(2009:77)*

Gesteigert wurde ebenfalls der Anbau der Ölfrüchte. So wurde die Anbaufläche um 8.400 Hektar seit 2008 ausgeweitet. Die Tendenz ist weiterhin steigend, da beispielsweise durch ein besseres Preisniveau für Winterraps, ein höheres Ertragspotential und eine gute Kompensationsfähigkeit, zum Beispiel gegenüber klimatischen Einflüssen, noch höhere Gewinne erzielt werden können. So steht Sachsen-Anhalt an zweiter Stelle der Rapsanbauflächen. Spitzenreiter ist Mecklenburg-Vorpommern. Gute Erträge können auch durch den Anbau von Zuckerrüben gewonnen werden. Durch die Rekordernte im Jahr 2009 lagen die Erträge 15% über den Vorjahren 2003 bis 2008. In Sachsen-Anhalt befinden sich außerdem die drei modernsten Zuckerfabriken Europas. Die Zuckerrübe gewinnt vor allem im Bereich der Biokraftstoffe immer mehr an Bedeutung, sodass diese Firmen an Ethanolanlagen geknüpft sind. Dies lässt eine vertikale Ausrichtung der Landwirtschaft erkennen. Widergespiegelt wird dies auch beim Kartoffelanbau. Hier wird sich überwiegend auf den Anbau von Speisekartoffeln spezialisiert. Danach folgt die Veredelung zu beispielsweise Pommes Frites oder Püree. Durch die vertikale Ausrichtung werden Arbeitsplätze geschaffen und die Wirtschaftsstrukturen des Bundeslandes gefördert (MLU 2009:15).

3.3.3 Die Situation der Arbeitskräfte

2007 waren 26.100 Menschen in der Landwirtschaft erwerbstätig, darunter 12.500 vollbeschäftigt. Im Vergleich zu den Vorjahren sanken diese beiden Zahlen immer weiter. Noch in 1999 waren in der Landwirtschaft 28.700 Personen beschäftigt. Dazu zählten 17.100 Vollbeschäftigte (Stala 2008). In 2007 lag der Vollbeschäftigtenanteil bei 64,4%, welcher aber in den Jahren immer weiter gesunken ist. So lag dieser Anteil 1999 noch bei 72,2%. Der allgemeine Rückgang der Beschäftigtenzahlen ist auf die gestiegene Produktivität zurückzuführen. 1995 wurden beispielsweise 1,9 Arbeitskräfteeinheiten gebraucht, 2007 nur noch 1,3 (MLU 2010:14). Im bundesweiten Vergleich wird dieser Rückgang ebenfalls deutlich. In Deutschland verringerte sich die Zahl der Erwerbstätigen von 1.437.100 Beschäftigten in 1999 zu 1.251.400 Beschäftigten in 2007. Jedoch liegt der Vollbeschäftigtenanteil der Bundesrepublik nur bei 24,4%, also deutlich geringer als der Einzelwert in Sachsen-Anhalt (BMELV 2010:11).

3.4 Gemeinsamkeiten und Unterschiede der Landwirtschaft

Es kann zusammenfassend festgehalten werden, dass diese beiden Länder überwiegend agrarisch geprägt sind und diese die Flächenutzung dominiert. Dies liegt zum einen an ihrer Geschichte, wodurch eine gute Ausbildung der Industrie nicht stattgefunden hat. Des Weiteren herrschen gute Bodenbedingungen, welche die Landwirtschaft begünstigen. Außerdem versuchen beide Länder durch die Landwirtschaft ihre wirtschaftliche Position zu verbessern. Dies geschieht zum Beispiel auf Wegen des ökologischen Landbaus, der Biokraftstoffe oder Veredelungsprozessen. Generell haben sich die Agrarstrukturen verändert und sich einer marktorientierten Gesellschaft angepasst.

4 Ist die Landwirtschaft vom Erbe der DDR geprägt?

Die DDR zeichnete sich insbesondere durch die Größenstruktur ihrer landwirtschaftlichen Betriebe aus. Zwar wurde die durchschnittliche Betriebsgröße verringert, jedoch haben sowohl Mecklenburg-Vorpommern und Sachsen-Anhalt einen deutlich größeren Anteil an Betrieben über 100 Hektar als der übrige Teil Deutschlands (BMELV 2010:5). In Mecklenburg-Vorpommern liegt die durchschnittliche LF heute bei 104,2 Hektar pro Betrieb gefolgt von Sachsen-Anhalt mit 93,7 Hektar LF pro Betrieb. Die Durchschnittsfläche in Deutschland beträgt nur 33,1% (BMELV 2010:8). Es kommen aber keine Betriebe mehr vor, welche über 10.000 Hektar LF bewirtschaften. So kann vermutet werden, dass die vorhandenen Strukturen teilweise dieses Phänomen prägten, aber nicht vollkommen übernommen haben. Ebenfalls aufgenommen wurde die vertikale Ausrichtung der Betriebe heute mit besonderem Bezug auf die Herstellung von Biokraftstoffen wie in Sachsen-Anhalt. Doch geschieht dies nicht mehr unter der Leitung des landwirtschaftlichen Betriebes. Die Fabriken sind lediglich in der Nähe angesiedelt. Durch die Analyse des Viehbestandes sind wieder Merkmale der DDR zu erkennen. In der DDR waren Betriebe mit großen Tierbeständen keine Seltenheit. So boten Schweinemastanlagen häufig Platz für mehr als 6.000 Schweine. Noch heute hat der Großteil der Viehbetriebe mehr als 1.000 Tiere, eher untypisch für Deutschland abgesehen der neuen Bundesländer (BMELV 2010:14). Als Folge der DDR kann die Etablierung ökologischer Betriebe gesehen werden. Durch die starke Ressourcenschädigung mussten viele Betriebe nach der Wende aufgegeben werden. So wurde Platz und Möglichkeit geboten diese Betriebe aufzubauen bzw. es gab einen Weg die Umwelt schonend zu nutzen und wiederherzustellen ohne Aufgabe von LF. In den 1990er Jahren wurde die Grünlandnutzung verringert. Grünland wurde renaturiert und ruhen gelassen. Wald wurde aufgeforstet. Dies geschah zu den Gunsten der Landschaftspflege, um die Regionen für den Tourismus attraktiver zu gestalten (Albrecht 1996:127). Nach der Wiedervereinigung veränderte sich stark die Arbeitsmarktsituation. Wie kaum ein anderer produzierender Bereich war die Landwirtschaft von Entlassungen betroffen (Wollkopf/Wollkopf 1992:8). Durch die Anpassung der wirtschaftlichen Ziele an kapitalistische Strukturen wurden zur Steigerung der Produktivität und Rentabilität immer mehr Beschäftigte entlassen. Dieser Trend hielt auch in den letzten Jahren an. In der DDR wurden den Angestellten eine 43-Stunden-Regelwoche, sowie Sozialleistungen gewährleistet. In den heutigen Betrieben ist dies nur selten der Fall (Wollkopf/Wollkopf 1992:17). An dieser Stelle kann eventuell von „leider" gesprochen werden. Stand in der DDR der Arbeiter im Vordergrund, so ist es in der kapitalistischen Gesellschaft der Gewinn. Dementsprechend ist die hohe Arbeitslosenquote ebenso ein Resultat der DDR. Die Deprivatisierung der DDR fand ebenfalls ihr Ende mit der deutschen Einheit. Heute wird der überwiegende Teil der landwirtschaftlichen Betriebe durch natürliche Personen in Form von Einzelunternehmen geführt, wie Familienbetriebe. Am produktivsten wirtschaften die Personengesellschaften (Albrecht 1996:124). Somit wurden auch diese Strukturen der DDR gebannt. Insgesamt hat die ehemalige DDR starken Einfluss auf die Landwirtschaft. Zum einen kann dies in Form durch direkte Beeinflussung geschehen, wie im Falle der Größenstrukturen oder durch Folgen der negativen agrarwirtschaftlichen Strukturen, wie im Falle des ökologischen Landbaus oder der extensiveren Flächennutzung.

5 Zusammenfassung

„Was aber geschieht in und mit den ostdeutschen ländlichen Räumen, insbesondere mit den traditionell agrarisch geprägten Gebieten?", diese Frage stellte sich nicht nur Wollkopf und Wollkopf (1992:8), sondern dies regte viele Diskussionen an. Wie Mecklenburg-Vorpommern und Sachsen-Anhalt jedoch beweisen, hat sich die Situation zu einer stabilen Lage gewendet. Diese beiden Bundesländer werden zwar noch immer durch die Agrarwirtschaft stark beeinflusst, aber immerhin hat diese sich gut etabliert. Beispielsweise sind sie in einigen Bereichen wie dem Rapsanbau auf dem deutschen Markt führend. Durch ihre Besonderheiten vor allem im Rahmen der Größenstruktur unterscheiden sie sich stark von den anderen Bundesländern. Dies ist ein Erbe der DDR, wie verschiedene andere Aspekte ihrer landwirtschaftlichen Strukturen. Für die Zukunft versuchen sich beide Länder den neuen Ansprüchen anzupassen, um so wettbewerbsfähig zu bleiben. Dies geschieht beispielsweise durch neue Schwerpunktsetzung im Anbau oder durch die Erschließung neuer Branchen fern der Landwirtschaft. Die Landwirtschaft wird jedoch aller Voraussicht nach der dominierende Wirtschaftszweig dieser Länder bleiben.

Literaturverzeichnis

Albrecht, G. (1996): Agrarwirtschaft: Was folgt auf die LPG? In: Weiß, W. (Hrsg.) (1996): Mecklenburg-Vorpommern – Brücke zum Norden und Tor zum Westen. Gotha: Justus Perthes Verlag Gotha GmbH.

Arnold, A. (1998): Landwirtschaft. In: Kulke, E. (Hrsg.) (1998) Wirtschaftsgeographie Deutschlands. Gotha: Justus Perthes Verlag Gotha GmbH.

Bichler, H./ Szamatolski, C. (1973): Landwirtschaft in der DDR – Agrarpolitik und Landwirtschaft in einem sozialistischen Industriestaat. Berlin: Verlag Gebr. Holzapfel.

Bundesministerium für Ernährung, Landwirtschaft und Verbraucherschutz (BMELV) (2010): Ausgewählte Daten und Fakten der Agrarwirtschaft 2010. Bonn: o. A.

Eschenhagen, W. (2009): Der Fischer Weltalmanach 2010: Zahlen – Daten – Fakten. Frankfurt am Main: Fischer Taschenbuch Verlag.

Eckart, K./ Wollkopf, H. (1994): Landwirtschaft in Deutschland – Veränderungen der regionalen Agrarstrukturen in Deutschland zwischen 1960 und 1992. In: Buchholz, H./ Grimm, F. (Hrsg.) (1994): Beiträge zur regionalen Geographie (Band 36). Leipzig: Selbstverlag Institut für Länderkunde Leipzig.

Eckart, K. (1998): Agrargeographie Deutschlands – Agrarraum und Agrarwirtschaft in Deutschland im 20.Jahrhundert. Gotha: Justus Perthes Verlag Gotha GmbH.

Eckart, K. (2001): Agrarstrukturen und Agrarräume. In: Eckart, K. (Hrsg.) (2001): Deutschland – Perthes Länderprofile. Gotha: Justus Perthes Verlag Gotha GmbH.

Fischer, G./ Richter, D./ Wohlgethan, H. (1971): Deutschland – erdkundliches Lehrbuch zum Diercke Weltatlas. Braunschweig: Georg Westermann Verlag.

Gebhardt, F. (1994): Wirtschaftsatlas – Neue Bundesländer. Gotha: Justus Perthes Verlag Gotha GmbH.

Grimm, F. (1992): Ländlicher Raum und ländliche Siedlungen in der Siedlungs- und Raumordnungspolitik der ehemaligen DDR. In: Buchholz, H./ Grimm, F. (Hrsg.) (1994): Beiträge zur regionalen Geographie (Band 36). Leipzig: Selbstverlag Institut für Länderkunde Leipzig.

Hohlmann, K. (1984): Agrarpolitik und Landwirtschaft in der DDR. In: Geographische Rundschau 36 (12), 598-604.

Juchelka, R. (1990): Mecklenburg-Vorpommern – Wege in eine bessere Zukunft. In: Forschungsinstitut der Friedrich-Ebert-Stiftung, Abteilung Wirtschaftspolitik (Hrsg.) (1990): Wirtschaftpolitischer Diskurs. Bonn: o. A.

Kainz, W. (2008): Böden. In: Bachmann, G./ Ehling, B./ Eichner, R./ Schwab, M. (Hrsg.) (2008): Geologie von Sachsen-Anhalt. Stuttgart: E. Schweizerbart'sche Verlagsbuchhandlung (Nägele und Obermiller).

Ministerium für Bau- und Landesentwicklung und Umwelt (MBLU) (1995): Raumordnungsbericht. Mecklenburg-Vorpommern. Schwerin: o. A.

Ministerium für Inneres und Kommunales des Landes Nordrhein-Westfalen (MIK NRW) (2011): Marxismus – Leninismus. < http://www.im.nrw.de/sch/402.htm# > abgerufen am 25.3.2011.

Ministerium für Landwirtschaft und Umwelt (MLU 2010): Bericht zur Lage der Land-, Ernährungs- und Forstwirtschaft und Tierschutzbericht des Landes Sachsen-Anhalt 2010. Magdeburg: Abteilung 6 Landwirtschaft, Gentechnik, Berufliche Bildung; Referat 66 Agrarökonomie, Berufliche Bildung.

Ministerium für Landwirtschaft und Umwelt (MLU 2011): Landwirtschaft. < http://www.sachsen-anhalt.de/index.php?id=2107 > abgerufen am 28.3.2011.

Ministerium für Landwirtschaft, Umwelt und Verbraucherschutz (LU MV) (2009): Agrarbericht 2009 des Landes Mecklenburg-Vorpommern (Berichtsjahr 2008). Schwerin: LIPAKO Digitales Druck- und Kopierzentrum GmbH.

Ministerium für Landwirtschaft, Umwelt und Verbraucherschutz (LU MV) (2011): Landwirtschaft. < http://www.regierung-mv.de/cms2/Regierungsportal_prod/Regierungsportal/de/lm/Themen/Landwirtschaft/index.jsp > abgerufen am 28.3.2011.

Statistische Amt Mecklenburg-Vorpommern (Stat MV) (o. J.): Landwirtschaftliche Betriebe nach Größenklassen der landwirtschaftlich genutzten Fläche (Betriebe). < http://sisonline.statistik.mv.de/sachgebiete/C441101K_Landwirtschaftliche_Betriebe_nach_Groessenklassen_der_landwirtschaftlich_genutzten_Flaeche_Betriebe > abgerufen am 29.3.2011.

Statistische Amt Mecklenburg-Vorpommern (Stat MV) (o. J. a): Hektarerträge ausgewählter landwirtschaftlicher Fruchtarten. < http://sisonline.statistik.m-v.de/sachgebiete/C241211K_Hektarertraege_ausgewaehlter_landwirtschaftlicher_Fruchtarten > abgerufen am 29.3.2011.

Statistisches Amt Mecklenburg-Vorpommern (Stat MV) (o. J. b): Landwirtschaftliche Betriebe des ökologischen Landbaus und deren landwirtschaftlich genutzte Fläche. < http://sisonline.statistik.m-v.de/sachgebiete/C441103K_Landwirtschaftliche_Betriebe_des_oekologischen_Landbaus_und_deren_landwirtschaftlich_genutzte_Flaeche > abgerufen am 29.3.2011.

Statistisches Bundesamt (DeStatis) (2011): Landwirtschaftliche Betriebe 2011 nach Betriebsgrößen und Viehbestand 2010. < http://www.destatis.de/jetspeed/portal/cms/Sites/destatis/Internet/DE/Navigation/Statistiken/LandForstwirtschaft/LandForstwirtschaft.psml > abgerufen am 29.3.2011.

Statistisches Landesamt Sachsen-Anhalt (Stala) (2008): Ausgewählte Merkmale der landwirtschaftlichen Betriebe nach Jahren. < http://www.statistik.sachsen-anhalt.de/Internet/Home/Daten_und_Fakten/4/41/411/41121/Ausgewaehlte_Merkmale_nach_Jahren.html > abgerufen am 30.3.2011.

Statistisches Landesamt Sachsen-Anhalt (Stala) (2009): Größenstruktur der landwirtschaftlichen Betriebe in Sachsen Anhalt nach Jahren. < http://www.statistik.sachsen-anhalt.de/Internet/Home/Daten_und_Fakten/4/41/411/41122/Groessenstruktur_nach_Jahren1.html > abgerufen am 30.3.2011.

16

Statistische Bundesamt (DeStatis) (2010): 20 Jahre Deutsche Einheit – Wunsch oder Wirklichkeit. Wiesbaden: Statistisches Bundesamt.

Wollkopf, H./ Wollkopf, M. (1992): Funktionswandel der Landwirtschaftsbetriebe in der ostdeutschen Wirtschafts- und Siedlungsstruktur. In: Henkel, G. (1992): Essener Geographische Arbeiten (Band 24): Der ländliche Raum in den neuen Bundesländern. Paderborn: Ferdinand Schöningh.

Titelbild: Ministerium für Landwirtschaft, Umwelt und Verbraucherschutz (LU MV) (2009): Agrarbericht 2009 des Landes Mecklenburg-Vorpommern (Berichtsjahr 2008). Schwerin: LIPAKO Digitales Druck- und Kopierzentrum GmbH.

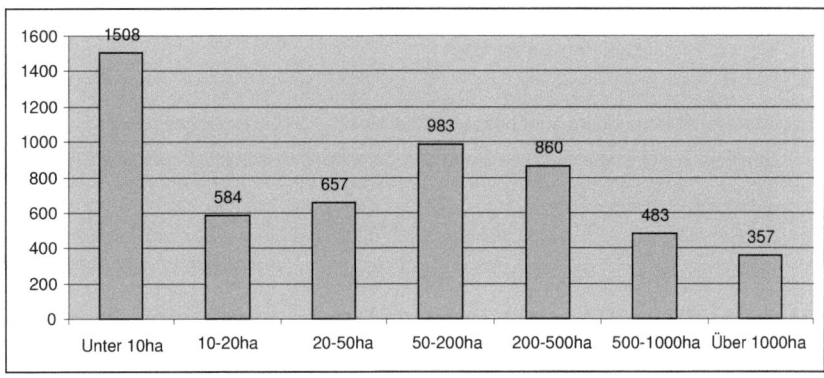